私家版戦車入門2
戦車の始まり　ドイツ・フランス篇

モリナガ・ヨウ[著]

大日本絵画

まえがき

戦車はどこから来たのか

フランスは世界初の戦車を生みだしたという栄冠を、わずかな差でイギリスに持っていかれてしまいました。もしかするとその後の歴史で戦車を意味する言葉は、英国風に「タンク」ではなくフランス風に「シャール」と呼ばれていたかもしれません。またドイツは第二次大戦での戦車王国ともいえる姿とは大きく異なり、まったく装甲戦闘車両なるものに冷淡でした。

リデル・ハートは著書『第一次世界大戦』において、戦争の様相を変えてしまった戦車ついて以下のようにまとめています。「戦場における移動方法として人間の脚に代わる内燃機関を利用し、またさらに防護方法としては、人間の皮膚または地面を掘ることに代わり装甲の利用を復活した。従来人間は移動するときには発砲できなかったし、遮蔽物が必要なときには移動できなかった」けれども戦車の誕生により、「ひとつの物体の中に火力と移動と遮蔽の三つの要素が結合されることになった」（上村達雄訳）。

装甲で防御された火力が陸上で自在に動く、そういう物を本書では大きく「戦車」として扱います。この戦車はいったいどういう風に生まれたのかを、自分なりに考え調べながら進めた連載をまとめました。今回はフランスとドイツの、装甲戦闘車両誕生に至る試行錯誤と黎明期戦車部隊の悪戦苦闘について見ていこうと思います。また巻末には【戦車以前】として、装甲や動力、機関銃の歴史などについて概観した、連載初期の記事をまとめています（掲載誌は月刊『アーマーモデリング』）。図鑑などでは数行でしか語られない大昔の戦闘車両達について、少し立ち止まって考えてみました。

●前巻（『私家版戦車入門１　無限軌道の発明と英国タンク』）では鉄条網と無限軌道の誕生や、第一次大戦の英国戦車について語っております。合わせてお読みいただければ幸いです。
●厳密にいえば戦車という言葉が定まっていない時代のため、「戦車部隊」などの表現は不正確なのですが、却って分かりにくくなるので使用しています。全体に平易な表現を心がけました。
●訳語について特に定型がないものは自分で決めてしまいました。
●色など不明なものについては想像で塗っております。
●各タイトルや連載回数、余計な書き込みはできるだけそのままにしています。連載が長期に亘っているため、説明が重複したりする部分もありますがご容赦ください。

モリナガ・ヨウ

フランス　ドイツ
・だいたいの年表

'15　試行錯誤　ナジメカ
イギリスのタンクデビューする
'16　サン・シャモン
'17　シュナイダーCA　A7V
'18　（ルノーFT）1914年から始まった第1次大戦が舞台です　ろ獲戦車隊
'19　Kワーゲン

目次

|||||||||||||||||||||||||||||||||||||||||||||||||||||||||||||||||||||||||||||||||||||||||||

まえがき　戦車はどこから来たのか ……………………… 3

第1章【フランスの塹壕突破兵器群】〝有刺鉄線を踏破せよ!〟 ………… 5
　フランス装甲車両の始まり …………………………… 7
　フランス異形メカ① ……………………………………… 8
　フランス戦車の魂 ………………………………………… 9
　フランス異形メカ② ……………………………………… 10
　フランス異形メカ③ ……………………………………… 11

第2章【シュナイダーCA】仏戦車の父エスティエンヌ登場 ………… 13
　シュナイダーCA① ……………………………………… 15
　シュナイダーCA② ……………………………………… 16
　シュナイダーCA③ ……………………………………… 17
　シュナイダーCA④ ……………………………………… 18
　　[コラム01：スペイン内戦のシュナイダーCA] …… 19

第3章【サン・シャモン】野砲を頭に載せた電動戦車 …………… 21
　サン・シャモン① ………………………………………… 23
　サン・シャモン② ………………………………………… 24
　サン・シャモン③ ………………………………………… 25
　サン・シャモン④ ………………………………………… 26
　サン・シャモン⑤ ………………………………………… 27
　　[コラム02：サン・シャモンのプラモデル] ………… 28
　フランス戦車こぼれ話 ………………………………… 29

第4章【突撃装甲車両A7V】制式名称〝輸送第7課〟 …………… 31
　ゲーベルの6脚戦車 ……………………………………… 33
　ドイツの装甲車たち ……………………………………… 34
　ドイツ突撃戦車A7V① …………………………………… 35
　ドイツ突撃戦車A7V② …………………………………… 36
　ドイツ突撃戦車A7V③ …………………………………… 37
　ドイツ突撃戦車A7V④ …………………………………… 38
　シュトルムトルッペン① ………………………………… 39
　シュトルムトルッペン② ………………………………… 40
　A7Vの操縦席 …………………………………………… 41
　　[コラム03：劣悪な車内環境、乗員はすぐ外に] …… 42
　超重戦車Kワーゲン ……………………………………… 43
　戦車vs戦車1918① ……………………………………… 44
　戦車vs戦車1918② ……………………………………… 45
　　[コラム04：ギュンター・バースティン技師の計画案] … 46

第5章【戦車回収部隊[カンブレー]】英国タンクによる独軍部隊 … 47
　ドイツ捕獲戦車部隊① …………………………………… 49
　ドイツ捕獲戦車部隊② …………………………………… 50
　ドイツ捕獲戦車部隊③ …………………………………… 51
　ドイツ捕獲戦車部隊④ …………………………………… 52

第6章【戦車以前】火器の進化と装甲・動力 ………………… 53
　タンク誕生までのマトメ ………………………………… 55
　　[コラム05：古代の戦車は動物が機動力の要] ……… 56
　タンク以前 ……………………………………………… 57
　火器のはなし …………………………………………… 58
　フス派のヴァーゲンブルク ……………………………… 59
　ダ・ビンチの無敵戦車 …………………………………… 60
　ダ・ビンチの三段速射砲ほか …………………………… 61
　戦車不在の時代 ………………………………………… 62
　戦車の生みの親・機関銃 ………………………………… 63
　水戸の戦闘牛車[安神車]① …………………………… 64
　水戸の戦闘牛車[安神車]② …………………………… 65
　　[コラム06：屋根つきの安神車、じつは前期型] …… 66
　水戸の戦闘牛車[安神車]③ …………………………… 67
　コーウェン・マシーン① ………………………………… 68
　コーウェン・マシーン② ………………………………… 69

あとがき ……………………………………………………… 70
参考文献 ……………………………………………………… 71

第1章
【フランスの塹壕突破兵器群】
〝有刺鉄線を踏破せよ！〟

鉄条網突破兵器の模索

　フランスはいわゆる「戦車」と現在言われるデザインを生み出した国です。大砲を備えた回転砲塔を持ち、無限軌道で走る装甲戦闘車両はフランスが初めて実用化しました。

　1914年夏に始まった第一次世界大戦は厳しい塹壕戦として知られています。敵味方ともに塹壕を掘り進め、冬にはそれは海まで達してしまいました。鉄条網と機関銃に守られた塹壕の突破は難しく、戦争はまったくの膠着状態に陥ってしまいました。

　最近の研究で死傷者の多くは大砲によるものであると明らかにされていますが、機関銃・鉄条網は大問題であったことには変わりありません。なんとか前線を突破すべく技術者たちの苦闘は続きます。

　ともに立ちふさがるドイツ軍の塹壕を相手にしなければならなかったイギリスとフランスは、ほとんど交流なくそれぞれ独自に突破兵器の研究を進めていました。本章はフランスにおける戦車誕生前史ともいうべき、鉄条網突破マシンについて考えます。内燃機関も大変に不安定な時代の話です。「戦車」の姿はまだ遥かに遠かったのでした。

　扉絵は［ブルトン・プルト鋸］。鉄条網切断機のアイデアのひとつです。

●初出
フランス装甲車両の始まり
　　月刊アーマーモデリング　2011年5月号

フランス異形メカ①
　　月刊アーマーモデリング　2011年6月号

フランス戦車の魂
　　月刊アーマーモデリング　2011年7月号

フランス異形メカ②
　　月刊アーマーモデリング　2011年8月号

フランス異形メカ③
　　月刊アーマーモデリング　2011年9月号

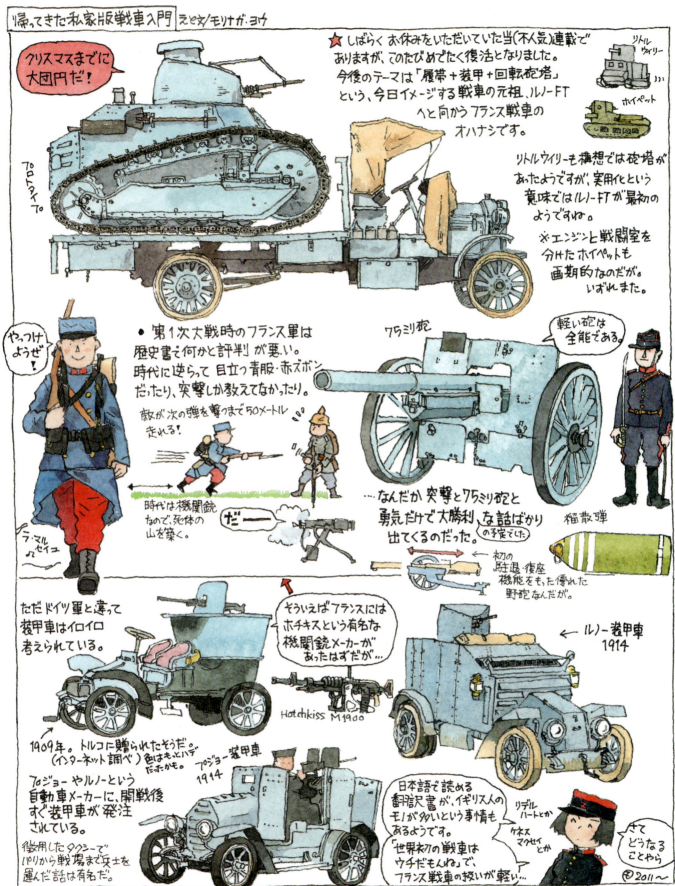

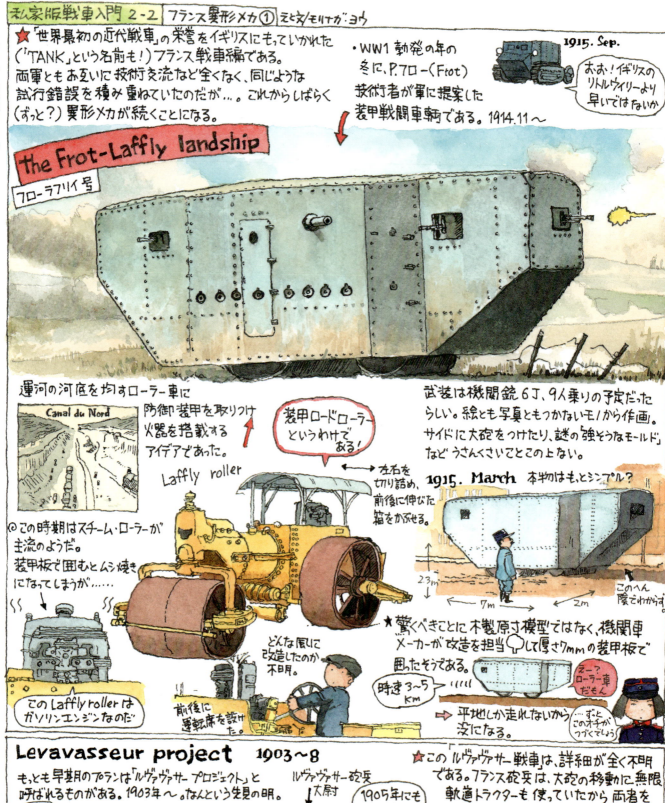

私家版戦車入門 2-3　フランス戦車の魂　えと文/モリナガ・ヨウ

『シュナイダーCAとサンシャモン』という本は、WW1のシュナイダー戦車についている「ツノ」に注目している。これは当時「鉄条網をいかに切り開くか？」と工夫を重ねたことのなごりなのである。…という訳で今回は有刺鉄線切断マシーンのお話。

ツノ？

→相手はドイツ軍のマニアックな鉄条網

鉄条網さえ突破すれば歩兵の突撃は成功する！

1914年11月、下院議員のブルトン(J.L.Breton)と、技術者のプルト (Pretoto) が開発した鉄条網カッター。

ジーエル

回転のこ →

ブルトン・プルト鋸

伸縮金属アーム

動力ナシ。荷車に乗っている。

使いかた　手で押して進み

チューン

色は全くわからず。ものすごく派手だったかも。赤とか。

鉄条網を切断！…使いものになりませんね

The Breton-Pretot
ブルトン・プルト号

1915年夏に試作品が完成した。新型のブルトン・プルト鋸をトラクターに装着。有刺鉄線を簡単に切断したという。

なんだかいろいろのせている。バラスト？

悪路走行に難あり

2枚の刃をスライドさせる。底部の円盤と連動するようだが詳しい動きはわからない…

こちらは改修型かな？

暗くてよく見えず。

ガソリンエンジンで動く農耕用5tトラクターの後部に鋸をつけたのだ!!　ブチブチ
敵陣地にはバックで接近することになる。

10輪式巨大トラクターに装着したり研究はしばらく続行される。

Bajac 5t tractor

ルノー装甲車にもつけてみた。いろいろ案があったようである。

1915年の装甲トラクターにも。

Landshipsサイトにあった図を参考に描いた。(Tim Rigsby 2006)
※ブルトン・プルト号の写真は2つくらいのがぐるぐる回っているようです。当時のグラフ誌の切り抜きを入手しましたが、ネット画像と同じでした。

つまりフランスの戦車開発は「まず鉄条網カッターありき」だったのです。ツノがメインで、あとはオマケ。

…しかし途中で、鋸に工夫するより装甲戦闘車輌で踏み潰すなりすればいいじゃないか、と

みんな気づいたようです。

そーか！

そりゃそうだよね

つづく

・フランス人の名前のカタカナ表記について、担当氏の母上にご教授いただきました。多謝。

私家版戦車入門 2-4 フランス異形メカ② えと文/モリナガ・ヨウ

フランス異形メカ②

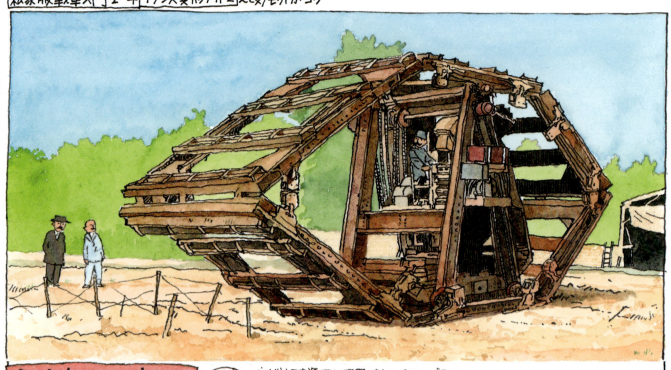

Diplodocus militaris
ディプロドキュス ミリタリ 1915.

一部で有名

今回はフランス軍が誇る異形メカ、ボワロ車である。ザロガ氏の本で通称 Diplodocus militaris (Military Dinosaur) とあるので、それを採用した。

1908年にフランスで標本が展示された そうです。 → ディプロドクス

うーんと意訳すれば"恐竜戦車"ということかな？

4m×3mのワクが6こ。

→ 軍の「鉄条網開削マシン」要請に応え、技術者ボワロ (Boirault) が開発したこの乗り物は、6この鉄製フレームを回転させて進むものだった。オスプレイ刊「FRENCH TANKS OF WORLD WAR 1」では動力はモーターとしている。乗員は2名。鉄条網を踏み潰すという点では成功を収める。

※どうしても資料に限界があり、細かい所はよく見えない。鉄骨ムキ出しだからエッフェル塔みたいな茶系かも知れないと妄想してみた。

チェーンで動力を伝えたようだ。
増設パーツ？
重し？

つぶれないようなジョイントも？細部不明。
運転席もよく見えない……。

試作車のテストは1915年3月～6月に行われた。はじめはスカスカしている感じ。パーツを追加したようだ (写真の背景にある樹木で季節を判断)。

←前？

問題となったのはそのサイズと速度。時速1.8キロ…。

重量30t

ばたーんばたーんと、荘重にやってきたのではないだろうか

☆フランス軍はデカ車輪戦車に行かず、無限軌道的なるものを志向していたようなのは興味深い点だ。

こんな理屈ですね
英国もロシヤもデカ車輪戦車を考えている。

パタパタ

あと、「有効なハンドル操作が不可能…。まがれないの？」

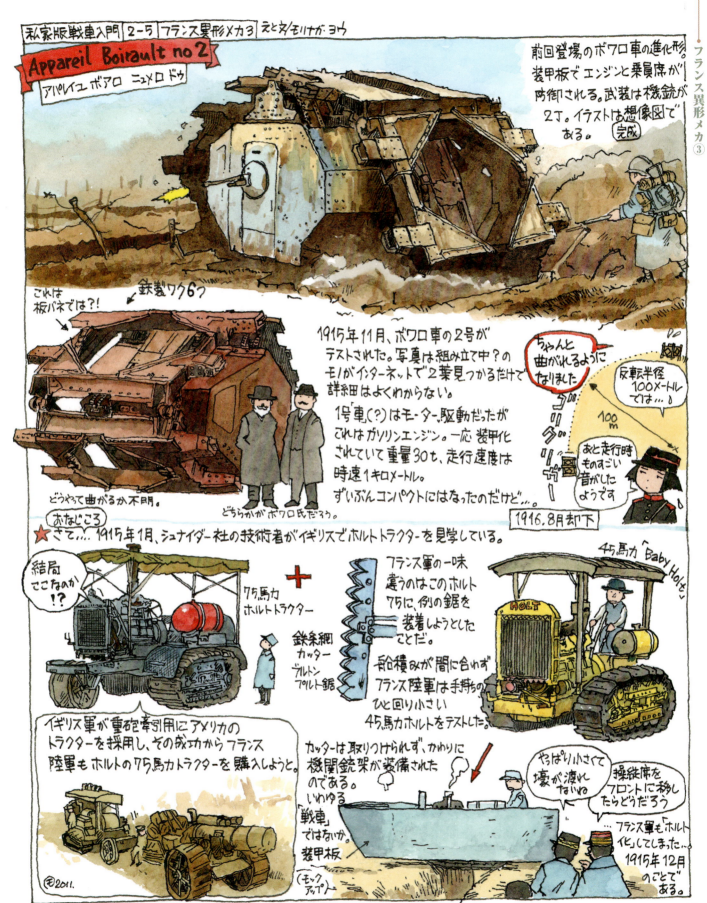

第2章
【シュナイダーCA】
仏戦車の父エスティエンヌ登場

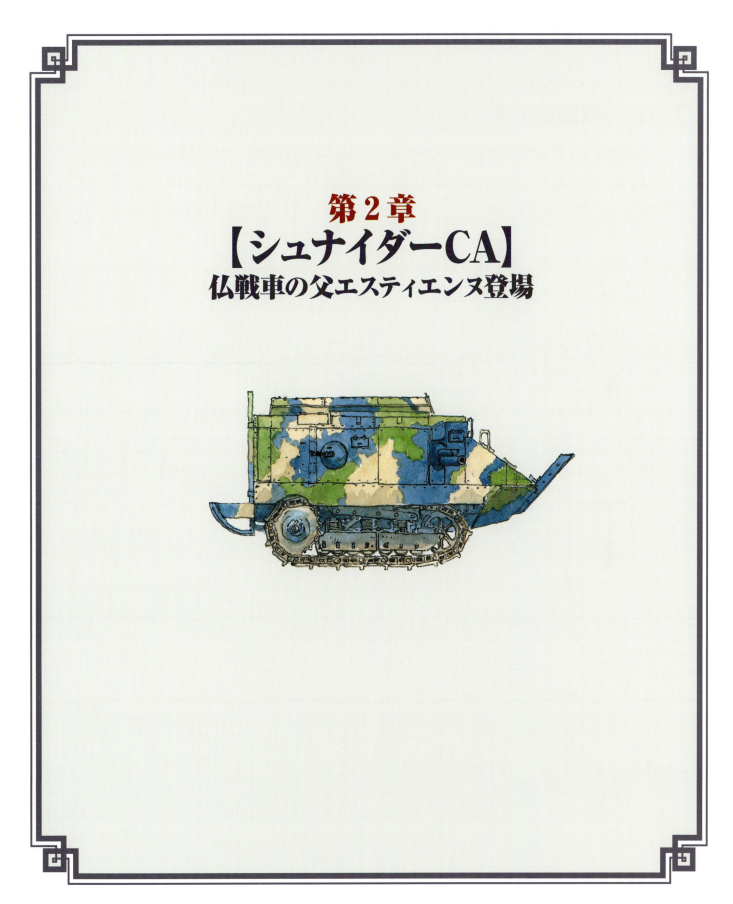

フランス戦車第1号

　フランス戦車の父、エスティエンヌ中尉の主導により誕生したフランス戦車［シュナイダーCA］。中尉は「戦車は大砲の一種である」と考えていました。既存のホルトトラクターの上に戦闘室を取り付けたもので、扉絵は後部に燃料タンクを追加した後期型です。風景に溶け込ませる《迷彩》が上塗りされています。

　フランスの大砲などは「砲兵グレイ」と呼ばれる青味がかったグレイの工業用塗料で塗られていました（また、いくつかの装備はより高価なオリーブグリーンで仕上げられているとあります）。1915年頃より大砲は外形を誤らせる分割塗装が行われるようになりました。戦車も砲兵隊の一部のため、同じような経緯をたどります。ひとことで《迷彩》といっても様々な考え方がありました。箱状の大きな乗り物が戦場を動き回るというのは未経験でしたから、塗装ひとつとっても試行錯誤があったのです。その後、現地で自由に彩色されるようになります。おもにオーカー、グリーン、ブラウンの三色が使われました。大戦初期の例えば「歩兵は目立つ赤ズボン。赤こそフランスなのだ」という考え方からの、変化の速さに驚きを感じます。

　全周履帯のため、どんな工夫をしても現場の泥にまみれてしまうイギリスの菱形戦車とは大きく異なる部分でしょう。

●シュナイダーCA
重量13.5トン
乗員6名
75ミリ砲1門／8ミリ機関銃2挺
装甲厚11.4ミリ
シュナイダー水冷4気筒ガソリンエンジン55馬力1基
速度5.95キロ/時
長さ6,035ミリ／幅2,012ミリ／高さ2,408ミリ

●初出
シュナイダーCA①
　月刊アーマーモデリング　2011年10月号

シュナイダーCA②
　月刊アーマーモデリング　2011年11月号

シュナイダーCA③
　月刊アーマーモデリング　2011年12月号

シュナイダーCA④
　月刊アーマーモデリング　2012年1月号

コラム01：スペイン内戦のシュナイダーCA
　描き下ろし

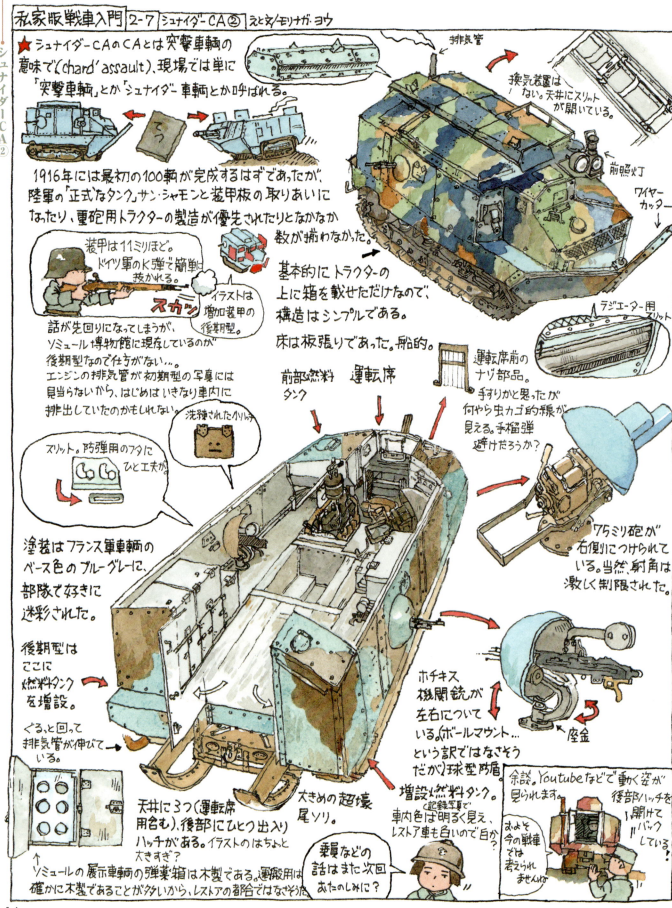

コラム01：スペイン内戦のシュナイダーCA

第3章
【サン・シャモン】
野砲を頭に載せた電動戦車

赤いハートは中隊マーク

　扉絵の［サン・シャモン］は1918年6月のもの。彩色の参考にした車両の主砲はこのタイプではありませんが、換装前の装備で描いています。

　ハートマークは中隊表示記号の一つです。第1中隊はスペード、第2中隊がハート、第3中隊がダイヤ、第4中隊がクローバーですので、イラストは第2中隊のものということになります。

　サン・シャモンはシュナイダーCAに対抗して作られた車両のため、サイズを含め何から何までシュナイダーの上に立とうとしました。例えばシュナイダーの機関銃が2挺なら4挺、低初速の短砲身75ミリ砲なら長砲身、というように。基本的に同じ足周りを延長したため、シャーシが変形しやすかったという話も残っています。

　エンジンは発電用で、走行はモーターで行われます。走行距離は障害物のない普通の道路で約60キロメートルあったといわれます。最高速度は時速約8キロメートル。悪路でなければかなり自在に操向できたようですが、そのぶん機構が複雑になって工作に手間がかかり、車内の機械のスペースも大がかりになりました。

●サン・シャモン突撃戦車
重量23トン
乗員9名
75ミリ砲1門／8ミリ機関銃4挺
装甲厚11.5ミリ
パナール水冷4気筒ガソリンエンジン90馬力1基
速度8.52キロ/時
長さ8,827ミリ／幅2,667ミリ／高さ2,362ミリ

●初出
サン・シャモン①
　月刊アーマーモデリング　2012年4月号

サン・シャモン②
　月刊アーマーモデリング　2012年6月号

サン・シャモン③
　月刊アーマーモデリング　2012年7月号

サン・シャモン④
　月刊アーマーモデリング　2012年8月号

サン・シャモン⑤
　月刊アーマーモデリング　2014年5月号

コラム02：サン・シャモンのプラモデル
　月刊アーマーモデリング　2014年5月号

フランス戦車こぼれ話
　月刊アーマーモデリング　2012年10月号

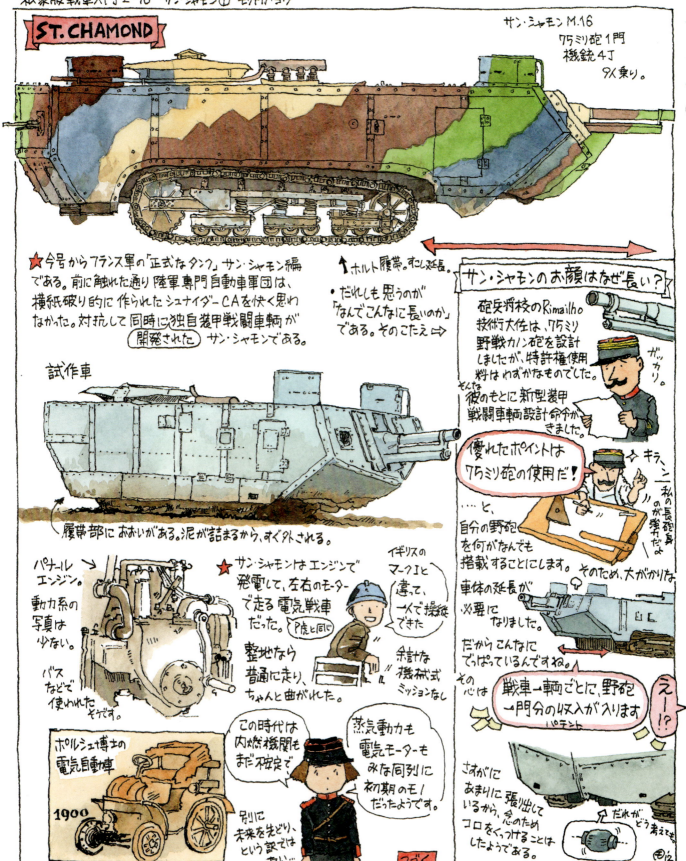

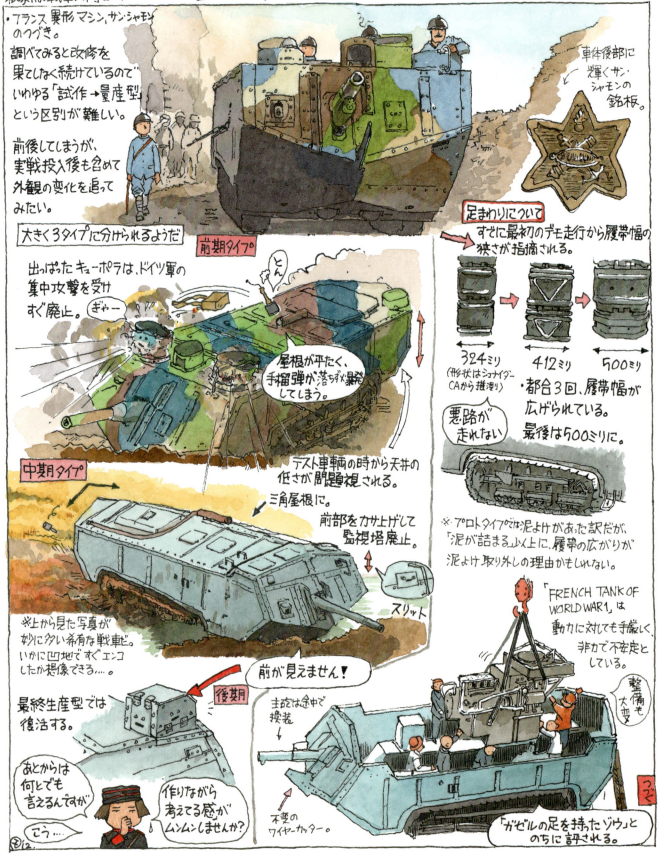

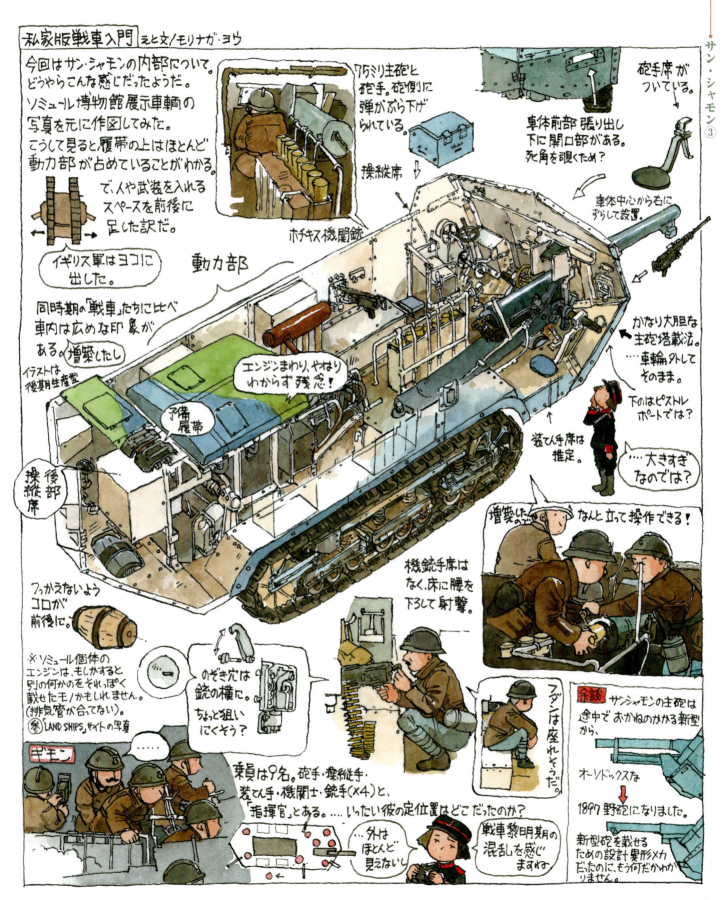

コラム02：サン・シャモンのプラモデル

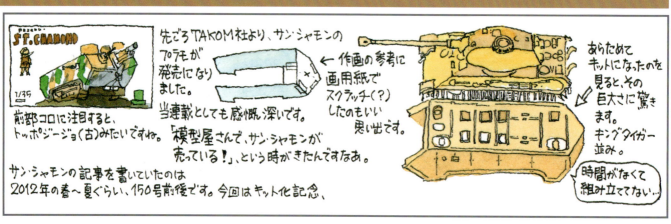

第4章
【突撃装甲車両A7V】
制式名称 〝輸送第7課〟

総生産数わずか20両

　Ａ７Ｖは20両ほどが、それぞれ手作業で造られて
いるため細かく個体差がありました。最初の何両かは
砲架の違いで代表的なものとは主砲周りが異なってい
ます。また、クルップ社から納品された装甲板が不良
で全部使えず、側面が３枚継ぎはぎされているのが第
１ロットの大きな特徴です。扉絵は、側面が１枚板の
第２ロットのもの。黒地に白の髑髏が描かれた車両番
号526番アルターフリッツ号です。

　基本塗装については諸説あります。緑がかったグレ
イから、はっきりとしたダークグレイまで幅があった
ようです。個体ごとの名前や戦歴はほぼ明らかになっ
ているため、本編ではさほど細部の区別をして描きわ
けていません。

　同じシャーシを使った派生型輸送車が造られたこと
もＡ７Ｖそのものの生産を圧迫しました。1918年３
月、当初発注された100両の残り80両はすべて輸送
車型ゲレンデワーゲンとして完成させることが決定さ
れ、Ａ７Ｖの製造は早くも終了してしまいました。こ
のゲレンデワーゲン自体は装甲や武装の手間を必要と
しませんでしたが、戦車型と同様に悪路は不得意で燃
費も悪く、同じ量を運ぶならトラックのほうが優れて
いたという話です。

　このＡ７Ｖは、イギリスのマークⅣタンクと史上初
の戦車同志の撃ち合いをしたことでも歴史に名を残し
ています。本によって細部に意見の相違がありました。
１発目はともかく、イギリスの６ポンド砲には何発も
当てて破壊できるまでの威力がないとドイツの人は思
っているようです。

●Ａ７Ｖ突撃装甲車両
重量30トン
乗員18 〜 24名
5.7センチ砲１門／機関銃６挺
装甲厚15 〜 30ミリ
ガソリンエンジン200馬力２基
速度12.8キロ/時
長さ8,001ミリ／幅3,048ミリ／高さ3,292ミリ

●初出
ゲーベルの6脚戦車
　　月刊アーマーモデリング　2007年12月号

ドイツの装甲車たち
　　月刊アーマーモデリング　2008年5月号

ドイツ突撃戦車A7V①
　　月刊アーマーモデリング　2008年6月号

ドイツ突撃戦車A7V②
　　月刊アーマーモデリング　2008年7月号

ドイツ突撃戦車A7V③
　　月刊アーマーモデリング　2008年11月号

ドイツ突撃戦車A7V④
　　月刊アーマーモデリング　2009年2月号

シュトルムトルッペン①
　　月刊アーマーモデリング　2016年9月号

シュトルムトルッペン②
　　月刊アーマーモデリング　2016年10月号

A7Vの操縦席
　　月刊アーマーモデリング　2016年11月号

コラム03：劣悪な車内環境、乗員はすぐ外に
　　月刊アーマーモデリング　2009年3月号

超重戦車Kワーゲン
　　描き下ろし

戦車vs戦車1918①
　　月刊アーマーモデリング　2016年7月号

戦車vs戦車1918②
　　月刊アーマーモデリング　2016年8月号

コラム04：ギュンター・バースティン技師の計画案
　　描き下ろし

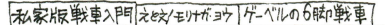

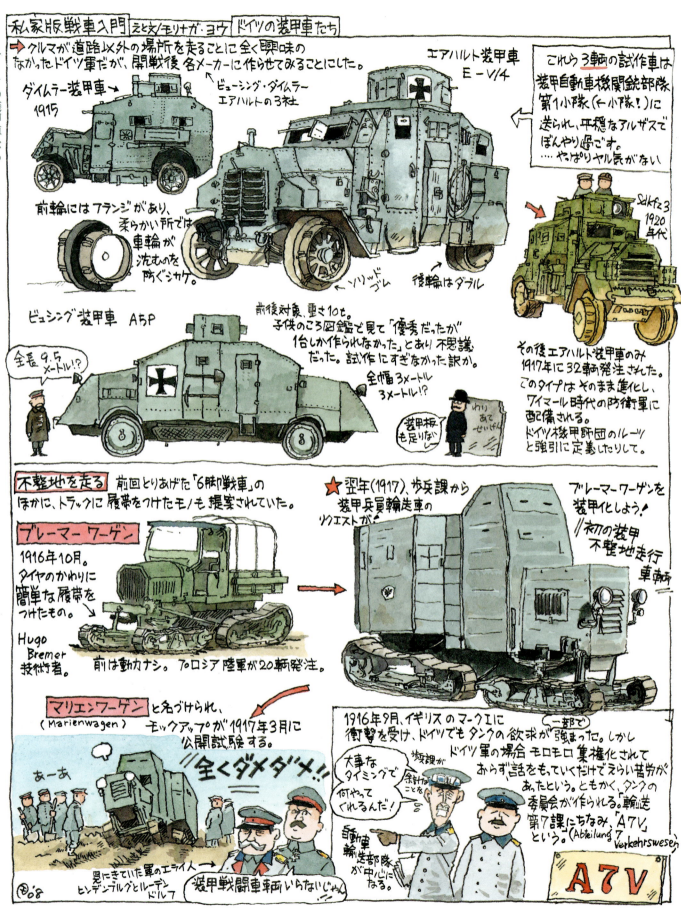

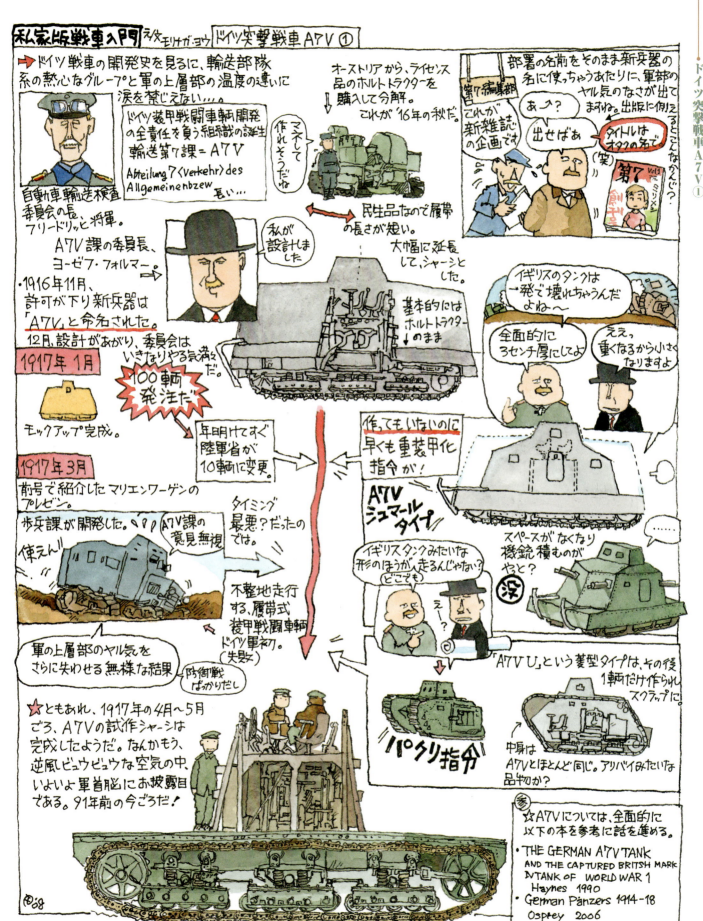

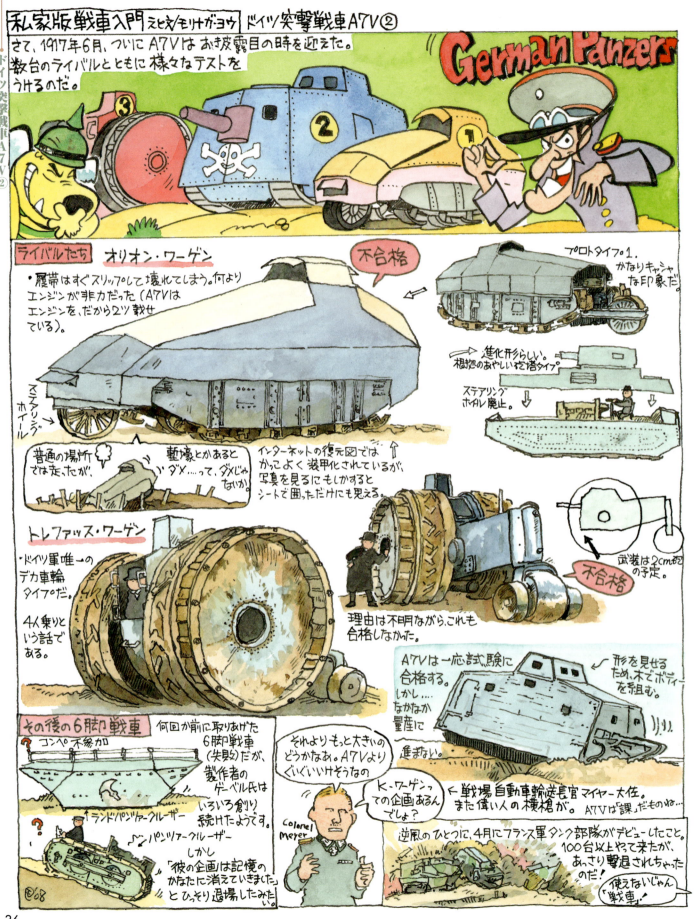

私家版戦車入門 えと文/モリナガ・ヨウ　ドイツ突撃戦車A7V ③

…ふと、何等基本的なことがらに触れていなかったのに気がついた。
<u>A7V</u>とは?
ドイツ最初の「戦車」で、武装は57ミリ砲1門、機銃6丁。18人乗り。

562 Herkles号
元のマーキングの上に塗り直している。

★さて、そのA7Vであるがちっとも量産が進まない。
上層部の足なみ・やる気も全く揃わず、戦車の量産優先順位はクラス2優先順位が低いので余剰がある時に回ってくる。工員も他所に行っている…。

「いらないよ戦車！」
「大砲ひっぱるトラクターを！」
「いや、超重タイプのちがう」
ルーデンドルフ

「鋼板やってこない」

栄えある1号車は'18.9月完成

ドイツ機甲師団の祖
A7V

「大砲まわしてもらえず機銃のみ…」

・装甲板のいらない派生形が先にできる始末。
荷物を運ぶ無限軌道車。輸送部隊へ

「あくまでも『内燃機関自走メカは、輸送用に使うのだ』という強力すぎる意思を感じる」

A7Vゲレンデワーゲン。
・シャシーの上に装甲ボディをかぶせただけなので、下半分でも動くのである→

ジャッキ
ガパン

足まわり

英国タンクと違いスプリングがあるのが自慢。

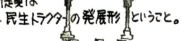

★A7Vはどのくらい走ったのか？
最大の問題点は <u>民生トラクターの発展形</u> ということ。

下に派手に出っぱる
ギアボックスが巨大すぎて、地面とのスキマが狭すぎるのだ。

だから凸凹が激しいと走れない。砲弾穴や巾の広い塹壕などもってのほか…
…ええ??

平地ならオッケーです。
ゴロゴロ

ところで数十台しか生産されてないので全部手作り。
全く同じ形のはないという戦車だったのです…
今回は兵員へん

505 / バーデン号	大戦末期撃破
506 / メフィスト号	'19.4月 オーストラリア
507 / サイクロップ号	ヴィスバーデンで捕獲
525 / ジークフリート号	

みんな名前がある…

ドイツ突撃戦車A7V ③

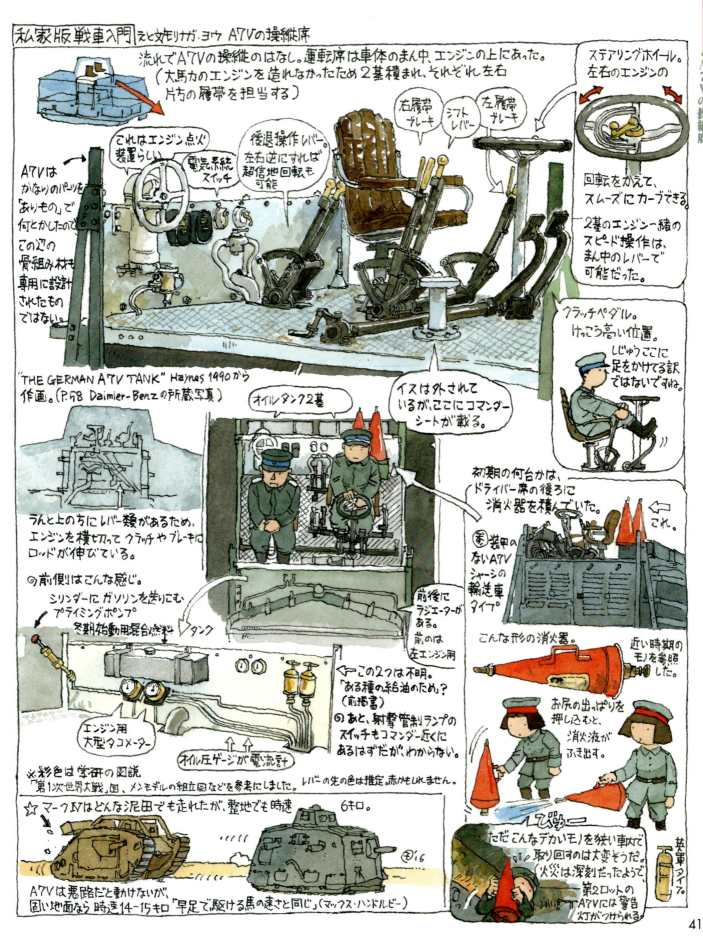

コラム03：劣悪な車内環境、乗員はすぐ外に

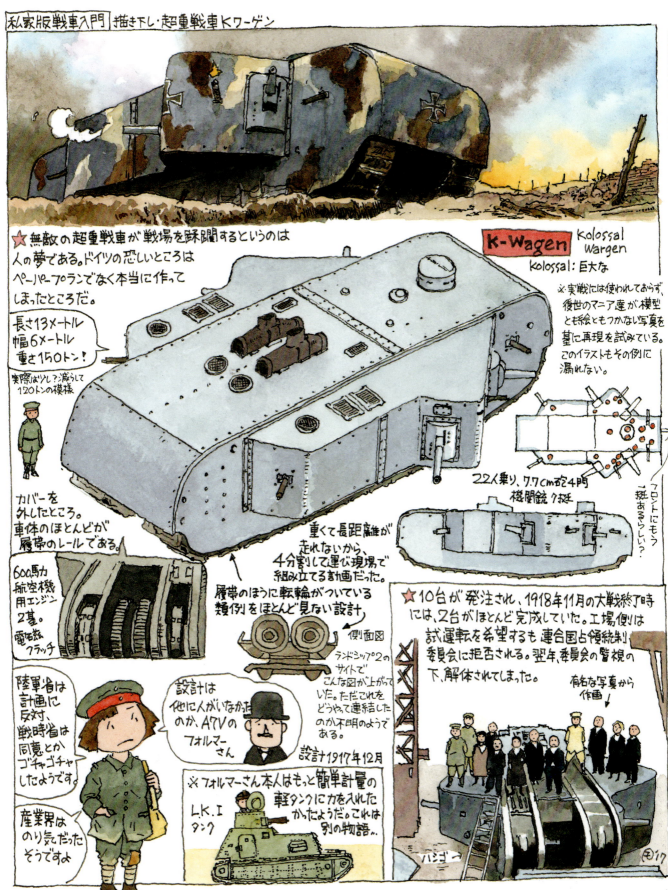

コラム04：ギュンター・バースティン技師の計画案(ペーパープラン)

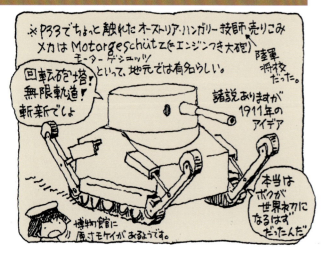

第5章
【戦車回収部隊［カンブレー］】
英国タンクによる独軍部隊

鹵獲戦車〜Beute Tank

　第一次大戦時、今日使われる戦車という言葉はまだなく、ドイツ軍は英国タンクを「戦闘車両」とか「装甲自動車」とか、向こうの発音のまま「タンク」と呼んでいたそうです。現在、戦車を意味する「パンツァー」はまだ「装甲」の意味しかありませんでした（『Beute-Tanks 2』）。

　ドイツ軍に使用された英国タンクは、主砲を代えたりハッチを付けたりなど改造は施されていたものの、基本的にはイギリスのマークIV戦車そのままです。大きく国籍マークが描かれています。

　1917年11月のカンブレーの戦いでイギリス軍は300両の戦車を投入しました。その後、ドイツ軍は前線を押し戻し、戦場には破壊されたイギリス戦車が大量に取り残されることになります。当時の戦車は使ったらすぐ壊れてしまう物でした。Ａ７Ｖは元々少ししかありませんでしたし'18年春には自国製の戦車の製造は終了してしまいましたから、ドイツ軍が戦車部隊を編成しようとすれば鹵獲したイギリス軍タンクをもってするほかはありませんでした。英独両陣営で、同じマークIVが相対したことになります。

　突撃部隊にとっては、マークIVの速度は協調するには遅すぎると考えられていたようです。比較的快速のマークＡホイペット中戦車は、戦車砲がないため戦車部隊には投入されませんでした。ちなみにフランス戦車は無傷なら歩兵部隊が現地で使い潰すことはあったようですが、シュナイダーやサン・シャモンはＡ７Ｖより走行性能が劣ると見なされ、わざわざ捕獲修理されることなく戦場に放置されていたそうです。

●IV号鹵獲戦車（マークIV戦車改修仕様）
重量13.5トン
乗員12名
5.7センチ砲2門／8ミリ機関銃4挺
装甲厚6〜12ミリ
ダイムラー・フォスター水冷ガソリンエンジン105馬力1基
速度7.4キロ/時
長さ8,047ミリ／幅3,200ミリ／高さ2,438ミリ

●初出
ドイツ捕獲戦車部隊①
　　月刊アーマーモデリング　2014年1月号

ドイツ捕獲戦車部隊②
　　月刊アーマーモデリング　2014年2月号

ドイツ捕獲戦車部隊③
　　月刊アーマーモデリング　2014年3月号

ドイツ捕獲戦車部隊④
　　月刊アーマーモデリング　2014年4月号

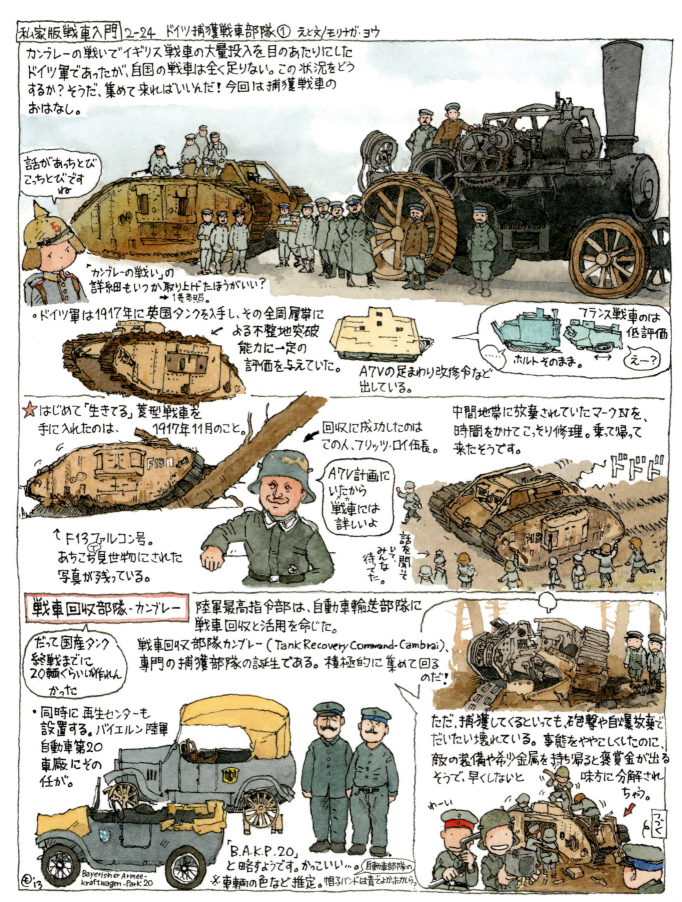

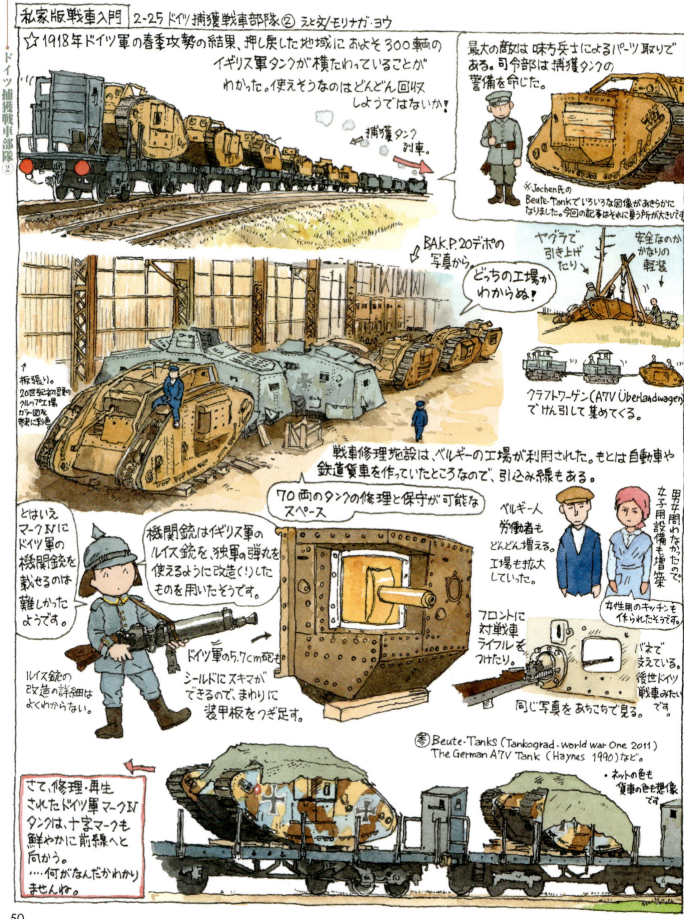

第6章
【戦車以前】
火器の進化と装甲・動力

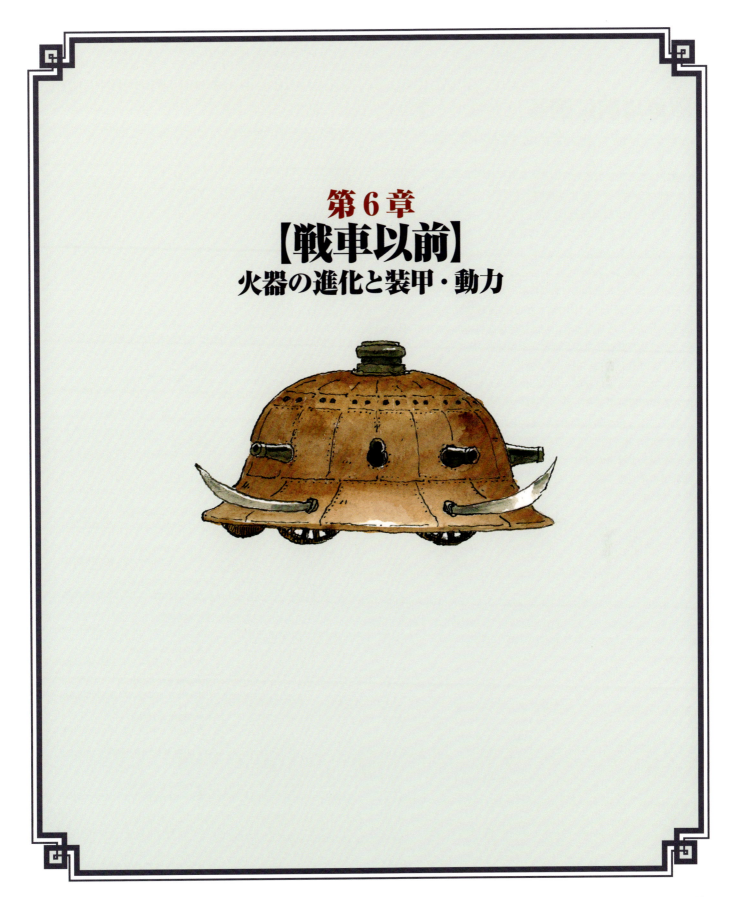

戦車以前に遡る

扉絵はクリミア戦争の時に提案された装甲戦闘車両［コーウェンマシーン］の想像図です。

ここからは2004年春から月刊『アーマーモデリング』誌上で連載を始めた［私家版戦車入門］の初期のものをまとめました。

右頁の年表の、上のほうということになります。悪路を進むための大型車輪や無限軌道の発明・内燃機関実用化以前の話です。19世紀末から20世紀初頭でも諸説があってはっきりせず、さらにその昔は霧の中です。こうして並べて見るとほとんどが想像図となっています。かなり自由に語っていまして、「こういう切り取り方もあるんだなあ」ぐらいの気分でお読みいただければと思います。しかし「装甲戦闘車両」という言葉は、正しく本質を突いていることに改めて気づきました。

趣を変えて幕末の日本（水戸藩）で造られ、現存する戦闘牛車［安神車］（あんじんしゃ）についても妄想しています。

●初出

タンク誕生までのマトメ
月刊アーマーモデリング　2007年3月号

コラム05：古代の戦車は動物が機動力の要
描き下ろし

タンク以前
月刊アーマーモデリング　2004年4月号

火器のはなし
月刊アーマーモデリング　2004年5月号

フス派のヴァーゲンブルク
月刊アーマーモデリング　2004年6月号

ダ・ビンチの無敵戦車
月刊アーマーモデリング　2004年8月号

ダ・ビンチの三段速射砲ほか
月刊アーマーモデリング　2004年9月号

戦車不在の時代
月刊アーマーモデリング　2004年10月号

戦車の生みの親・機関銃
月刊アーマーモデリング　2004年11月号

水戸の戦闘牛車［安神車］①
月刊アーマーモデリング　2005年3月号

水戸の戦闘牛車［安神車］②
月刊アーマーモデリング　2005年4月号

コラム06：屋根つきの安神車、じつは前期型
描き下ろし

水戸の戦闘牛車［安神車］③
月刊アーマーモデリング　2005年5月号

コーウェン・マシーン①
月刊アーマーモデリング　2004年12月号

コーウェン・マシーン②
月刊アーマーモデリング　2005年1月号

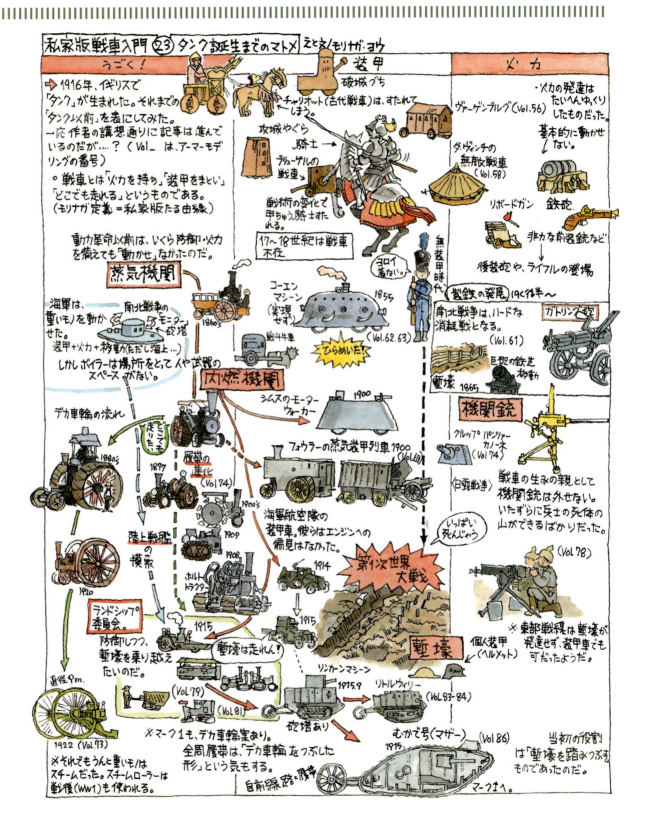

コラム05：古代の戦車は動物が機動力の要

私家版・戦車入門 え と 文/モリナガ・ヨウ

その1．タンク以前　★2003年の夏に、英国ボービントンにある、"ザ・タンク・ミュージアム"に行った。展示はトラクターと、リトル・ウィリーから始まっている。気がつけば"あたり前"のことであるが、1915年に「タンク」が発明されるまで、この世には「タンク」なるモノはなかったのだ。「戦車」という訳語も、その後に作られたようである。日本語ではチャリオットもタンクも「戦車」とひとくくりにしているので、古代から「戦車」の歴史があるような気がしてしまう。確認しよう。タンクは1915年に突然発生したのである。

「西部戦線異常なし」も「タンク」と直に表記

★本当はこの辺から書かないと気分が出ない。アッシリアの怪物戦車（紀元前870年ごろ）横から見たレリーフを元に復元されていて、本当のところどんな形なのかわかんないんじゃないか？　学研のX図鑑では「破城車」ともう少し冷静。

高さ3メートル　代々のイラストレーターによる再現ビミョーにアバウト（これも同じ）

シャルマネサー3世がつくった怪物戦車の改良型。破城づちを2本にした、さるまねさーといったところ（「図鑑世界の戦車」）

★さて……今回から「タンク以前」についてざっくり語っていこう。古代世界を席巻したチャリオットだったが、乗馬技術の進歩により消滅する。

ごろごろ引っ張るより、馬に直接乗ったほうが速度が出せるはずである。（古代戦車という言いかたは、混乱するので使わない）

・モンゴル騎兵　高校の世界史で習ったのだが、彼らは走る馬の上からバビュンバビュン矢を射ることができたらしい。

その技で世界を征服した……って単純化しすぎ

飛び道具の発達

普通の力では甲冑に歯が立たない。

機械じかけで弓を引きしぼる弩。

歩兵は長い槍をならべて密集する

ボカーン

・騎士たちも密集して突進する。重装騎兵はいわゆる突破兵器だったのだ。

そして防御力を高めるため、甲冑が発達していく。甲冑の迷路に入りこむのは本編の役割りではないのでこれ以上つっこまない。ただ、敵側の飛び道具の発達に対抗して、重装甲化していったようだ。

個人装甲　盾から始まり、鎖かたびら、全身を覆うヨロイへと進化する。

よく知らないので、映画「ジャンヌ・ダルク」を見ながら描いた。戦車模型界的にもっとブームになるかと思ったのに!?

© 2004〜　つづく

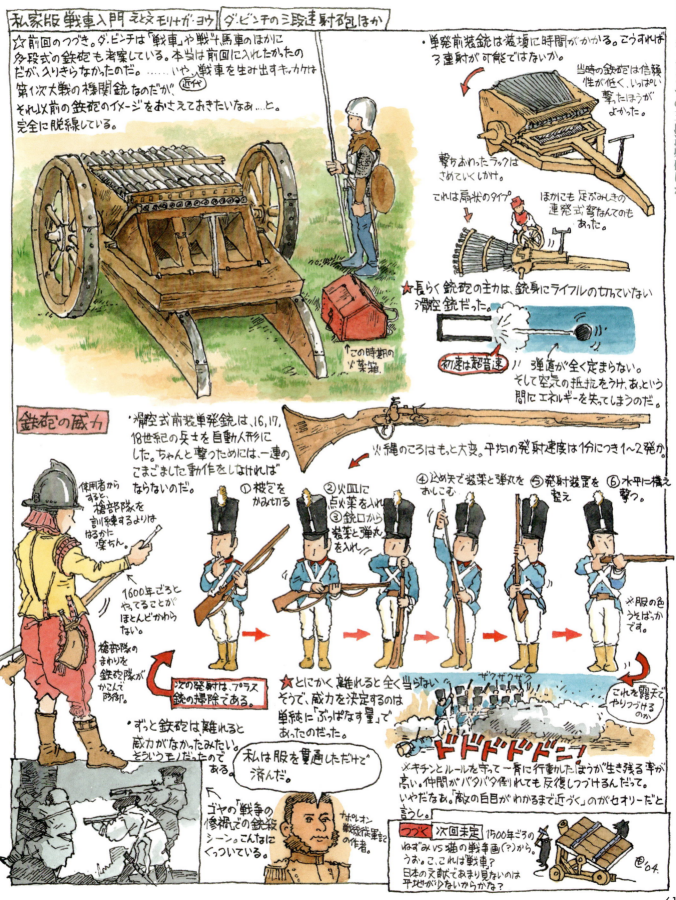

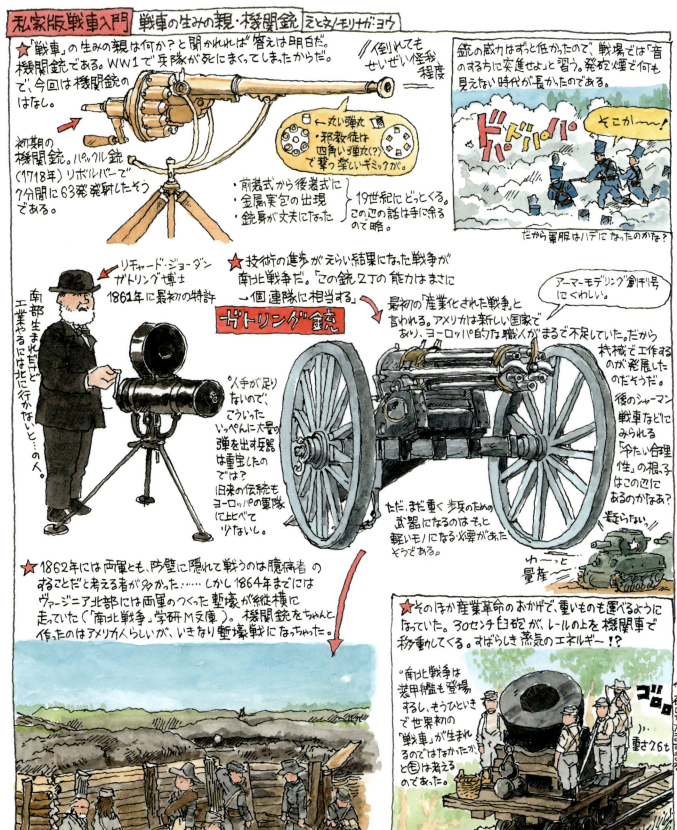

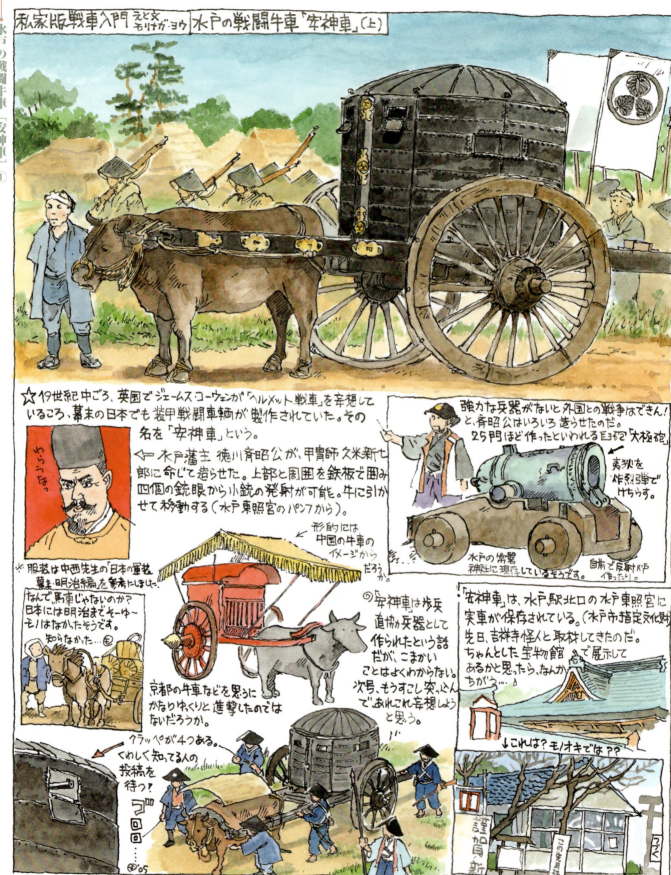

コラム06：屋根つきの安神車、じつは前期型

※本文で仮に「B型」としたもう一つの安神車ですが、こちらが"前期型"であったと『月刊 戦車道』(増刊 第6号 2014年 バンダイビジュアル)で明らかにされました。戦災のため台座など焼失してしまったものが展示されているそうです。

狭くて火縄銃の取りまわしがたいへんだったらしい。

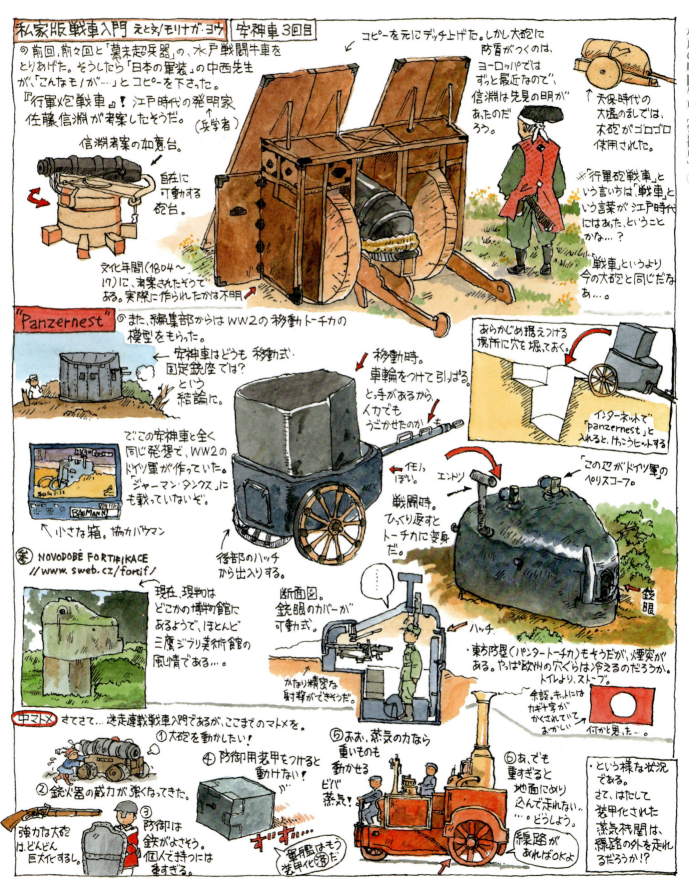

あとがき

元に子供のころ読みふけり、後に古書店で入手しなおした『少年少女講談社文庫』があります。巻末にある「刊行のことば」を引用してみましょう。

「みなさん、少年少女時代は人の心のふるさとです。このころにむちゅうになって読んだ本の思い出は、一生消えることがありません。いくつになってもなつかしくよみがえり、心をほのぼのと照らし、生きる勇気と、人を思いやるやさしさとをかきたててくれます」

沁みます。自分の場合あろうことかそれは、シリーズの中の一冊『図鑑世界の戦車』でした。「よりによって戦車か！」ですね。背表紙はオレンジ色で、ご機嫌なフクロウのキャラクターがいました。カバーをはずすと表紙にはイギリスのマチルダ戦車の精密な絵があり、裏表紙は緑色のＡ７Ｖが描かれています。内容的には子供向けということと、時代的なものか今から見るとずいぶん大らかな記述になっています。ここで注ぎ込まれた戦車知識は確かに今でも人生の古層にあります。

『アーマーモデリング』2004年4月号から、そもそも戦車とは何かという連載を始めました。そのころ編集長だった吉祥寺怪人氏に「こんな風に展開させたい」というメモ書きを渡してオッケーをもらったように思います。本書の第6章【戦車以前】のあたりです。ナゾの新連載が始まりました。本人としては近代戦車に向かう着実な歩みを重ねているつもりでしたが、何回やってもなじみの戦車が出てこない。回転砲塔もない菱形タンク誕生まで月刊誌で二年を要してしまいました。やがて吉祥寺氏もアーマー誌を離れてしまい、ドイツ戦車篇をバタバタと描いたところで連載は一旦終了となりました。第一次大戦の戦闘車両はあまり人気もありませんし。

その後、普通に模型や戦記の記事を描いていましたが、第一次大戦戦車関係の資料はコツコツと集めていました。Ａ７Ｖ戦車についての古典がアップデートされ、見たこともない写真とともに新しい研究本がタンコグラード社から発売されたり、フランス戦車についての英文専門書が発売されたりと地味に資料は増えていました。

2011年に、当時の神藤政勝編集長が「あの連載を再開しよう」と言ってくださいました。数年の休止を挟んでの新連載なので、始めのページタイトルが《帰ってきた私家版戦車入門》になっているのです。幸運にも当時の担当編集者氏が父上の仕事の関係で子供時代をフランスで過ごされ、彼の母上ともども「フランス語が読める！」ということも大きく作用しました。フランスのグラフ誌の切り抜きのキャプションであるとか固有名詞の読みなど教授いただき、大変にお世話になりました。

1巻目のあとがきにも書きましたが、十数年という時間はそれなりに大きいようです。〝大事な書き文字用ガラスペンが折れる〟というのもそうでしたが、塗り方や文体の感じ・筆者の気分的な立ち位置などずいぶん変化がありました。再開したのちも休み休みな、あっち飛びこっち飛びの連載となってしまっています。本書でも例えばドイツ戦車の章、38ページから39ページの間は約八年が過ぎています。この辺はいじりだすとキリがないので、基本的に連載そのままの形で掲載しています。近代戦車誕生100年に合わせて出版された1巻とともに、連載順に読んでいただくと当時の読者様の困惑が追体験できるかも知れません。

このような連載を続けさせてくれている『アーマーモデリング』と現編集長斎藤仁孝さま、お世話になったアートボックスの歴代編集部の皆様、ご協力いただいた方々に感謝いたします。また2巻の単行本化作業をして下さった吉祥寺さま、丹羽和夫さま、ありがとうございました。

最後に連載再開時の担当だった故・柏木英司さまに最大の感謝を。貴兄がいなかったらこの連載は随分と違ったものになっていたでしょう。原稿を見ていると、当時の雑談など思い出します。

2017年8月　モリナガ・ヨウ

参考文献

図鑑世界の戦車　アルミン・ハレ／久米穣訳編　少年少女講談社文庫 (1974)

世界の戦車　菊池晃　平凡社カラー新書 (1976)

戦車大突破　第一次世界大戦の戦車戦　D・オーギル／戦史刊行会訳　原書房 (1980)

対戦車戦　ジョン・ウィークス／戦史刊行会訳　原書房 (1980)

手榴弾・迫撃砲　イアン・フォッグ／関口幸男訳　サンケイ新聞出版局 (1974)

メカニックブックス3　世界の戦車　ケネス・マクセイ編著／林憲三訳 (1984)

世界の戦車1915-1945　ピーター・チェンバレン、クリス・エリス　大日本絵画 (1997)

機関銃の社会史　ジョン・エリス／越智道雄訳　平凡社 (1993)

戦車メカニズム図鑑　上田信　グランプリ出版 (1997)

学研の大図鑑　世界の戦車・装甲車　学習研究社 (2003)

八月の砲声　バーバラ・タックマン／山室まりあ訳　筑摩書房 (1986新装版)

20世紀の歴史　第1次世界大戦　上・下　J・M・ウインター著／深田甫　監訳 (1990)

第一次世界大戦の起源　ジェームス・ジョル／池田清訳　みすず書房 (1997)

第一次世界大戦　リデル・ハート／上村達雄訳　中央公論新社 (2000)

ビジュアル博物館　第一次世界大戦　サイモン・アダムス　同朋舎 (2002)

ビジュアル博物館　ルネサンス　アンドリュー・ラングリー　同朋舎 (1999)

歴史群像シリーズ　図説第一次世界大戦　上・下　学習研究社 (2008)

仏独共同通史　第一次世界大戦　上・下　ジャン＝ジャック・ベッケール、ゲルト・クルマイヒ
／剣持久木、西山暁義訳　岩波書店 (2012)

第一次世界大戦　開戦原因の再検討　国際分業と民衆心理　小野塚知二編　岩波書店 (2014)

第一次世界大戦　木村靖二　ちくま新書 (2014)

世界戦争 (現代の起点 第一次世界大戦 第1巻)　山室信一ほか編　岩波書店 (2014)

図解 古代兵器　水野大樹　新紀元社 (2012)

火器の誕生とヨーロッパの戦争　バート・S・ホール／市場泰男訳　平凡社 (1999)

図説 レオナルド・ダ・ヴィンチ　佐藤幸三、青木昭　河出書房新社 (1996)

武器　ダイヤグラム・グループ編　田島優、北村孝一訳　マール社 (1982)

月刊戦車道 増刊第6号　バンダイビジュアル (2014)

ドイツ戦車発達史　戦車ものしり大百科　斎木伸生　光人社 (1999)

モデルアート12月臨時増刊ドイツ超重戦車マウス (1996)

アーマーモデリング8月号 (2000)

ほか

L'ILLUSTRATION no. 3969 (1919 3 29)

SCHNEIDER CA ST. CHAMOND (2008)

FRENCH TANKS OF WORLD WAR 1 (2010)

THE GERMAN A7V TANK AND THE CAPTURED BRITISH MARK IV TANK OF WORLD WAR 1 (1990)

German Panzers 1941-18 (2006)

STEAM ON THE RIAD David Burgess Wise Hamlyn (1974)

Army Uniforms of World War 1 Andrew Mollo Blandford Press (1977)

THE SOMME THEN AND NOW John Giles After The Battel (1986)

Tank Mechanical Maintenance Mark IV Tank MLRS (2006)

The British Tanks 1915-19 David Fletcher The Crowood Press (2001)

The British Army 1914-18 D.S.V.Fosten & R.J.Marrion Osprey Publishing (1978)

The German Army 1914-18 D.S.V.Fosten & R.J.Marrion Osprey Publishing (1978)

Cambrai 1917 The Birth of armoured warfare Alexander Turner Osprey Publishing (2007)

World War I Gas Warfare Tractcs and Equipment Simon Jones Osprey Publishing (2007)

British Mark I Tank 1916 David Fletcher Osprey Publishing (2004)

Armored Units of the Russian Civil War David Bullock Osprey Publishing (2006)

British Mark IV Tank David Fletcher Osprey Publishing (2007)

Mark IV vs A7V : Villers-Bretonneux 1918 David Higgins Osprey Publishing (2013)

Beute-Tanks British Tanks in German Service Vo.1,Vo.2 Rainer Strasheim Tankograd (2011)

私家版戦車入門 2

戦車の始まり　ドイツ・フランス篇

著者略歴
モリナガ・ヨウ
MORINAGA Yoh

1966年東京生まれ
早稲田大学教育学部卒業（地理歴史専修）
漫画研究会出身

似顔絵／原画：杉本功
仕上：原田幸子、特効：古市裕一

大学在学中よりカットイラストの仕事をはじめ、
デビューは1987年『朝日ウイークリー』[キャンパス光と影]。
ルポイラストを得意とし、
さまざまな事象を精密でわかりやすく描くイラストの世界は、
幅広い読者の人気を得ている。

■著書
『35分の1スケールの迷宮物語』、『あら、カナちゃん！』
『ワールドタンクミュージアム図鑑』、『東京右往左往』
『モリナガ・ヨウの迷宮プラモ日記　第1集［フィールドグレイの巻］』
『モリナガ・ヨウの迷宮プラモ日記　第2集［ガンメタルの巻］』
『私家版戦車入門1　無限軌道の発明と英国タンク』（以上、小社刊）
『図録王立科学博物館』（共著、三才ブックス）
『働く車大全集』、『モリナガ・ヨウの土木現場に行ってみた！』（以上、アスペクト）
『新幹線と車両基地』（平成21年度厚生労働省児童福祉文化財推薦作品）
『消防車とハイパーレスキュー』、『ジェット機と空港・管制塔』（以上、あかね書房）
『図解絵本　東京スカイツリー』、『図解絵本　工事現場』（溝渕利明監修）（以上、ポプラ社）
『東京大学の学術遺産　裾拾帖』（KADOKAWA／メディアファクトリー）
『築地市場　絵でみる魚市場の一日』（小峰書店、第63回産経児童出版文化賞大賞受賞）
『南極建築1957-2016』（共著、LIXIL出版）
『迷宮歴史倶楽部　戦時下日本の事物画報』（学研プラス）
など

私家版戦車入門2　戦車の始まり　ドイツ・フランス篇
2017年10月27日　初版第一刷

著者／モリナガ・ヨウ

発行人／小川光二
発行所／株式会社　大日本絵画
〒101-0054　東京都千代田区神田錦町1丁目7番地
Tel：03-3294-7861（代表）　Fax：03-3294-7865
http://www.kaiga.co.jp/

編集人／市村弘
企画・編集／株式会社アートボックス
〒101-0054　東京都千代田区神田錦町1丁目7番地
Tel：03-6820-7000（代表）　Fax：03-5281-8467
http://www.modelkasten.com/

編集／卯月 緑
デザイン／丹羽和夫(Tipo96 Centrostyle)

印刷／大日本印刷株式会社
製本／株式会社ブロケード

本書に掲載された図版、写真、テキスト等の無断転載を禁じます。
定価はカバーに表示してあります。
ISBN978-4-499-23224-1

©モリナガ・ヨウ　©2017　大日本絵画

内容に関するお問い合わせ先　　03(6820)7000 (株)アートボックス
販売に関するお問い合わせ先　　03(3294)7861 (株)大日本絵画